特技机，登场！

王懿墨　屠正阳　李耀耀◎著　　东千兔兔　胡佳宁◎绘

北京科学技术出版社

特技机，登场！

　　"下面请欣赏本届航展的压轴节目，空中特技飞行表演！"报幕员的话音刚落，"空中舞者" ——飞行表演队的特技机就拖着彩烟飞来。一朵巨大的五彩烟花在蓝天上绽放，引得现场观众连声喝彩。

特技机
用于特技飞行表演的飞机，能完成倒挂金钩、后空翻等特殊动作，是身手敏捷、姿态优美的"空中舞者"。

哥哥，快看，这些飞机像画笔一样，在天空中画着美丽的画！

它们可是专门用于特技飞行表演的。

这些飞机速度真快，我的眼睛都快跟不上它们了！

特技飞行

指飞行员驾驶飞机做出诸如螺旋飞行、落叶飘、甩尾变向等惊险动作，是对飞行员耐力、韧性、勇气的挑战。

精彩的"六机开花"表演

这种表演是高难度动作的组合。飞行员驾驶着拖着彩烟的特技机，先组成紧密的箭形编队，再同时向不同方向散开。这种表演需要飞行员之间有极高的默契。

赤心墨兔说

轰轰轰——

祖国的"蓝天仪仗队"

突然，两架领队机低空掠过观众席，飞行员在座舱内全神贯注驾驶飞机的身影一清二楚。他们来自中国人民解放军空军八一飞行表演队！

想加入我们，成为在蓝天上炫技的王牌精英吗？

供氧面罩

飞行员的供氧装置，能让飞行员在高空中呼吸顺畅，避免晕厥。

专用飞行头盔

为天蓝色，上面有亮银色的标志。内部的通话器、飞行轨迹追踪设备等方便飞行员之间相互配合，完成编队飞行。

空军八一飞行表演队队徽

由金色的歼-10 战斗机、飞翔的双翼和地球组成，表示空军八一飞行表演队飞得更高、更远。

歼-10 特技机

为空军八一飞行表演队改装的专用表演机，装备了先进的发动机、新式操纵系统和传感设备，以便飞行员精准控制飞机的动作。

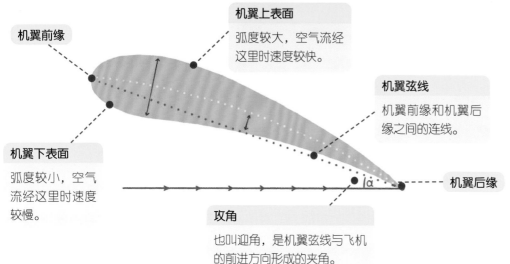

机翼前缘

机翼上表面
弧度较大，空气流经这里时速度较快。

机翼弦线
机翼前缘和机翼后缘之间的连线。

机翼下表面
弧度较小，空气流经这里时速度较慢。

机翼后缘

攻角
也叫迎角，是机翼弦线与飞机的前进方向形成的夹角。

原来飞机的机翼藏着这么多奥秘。

单翼机和多翼机

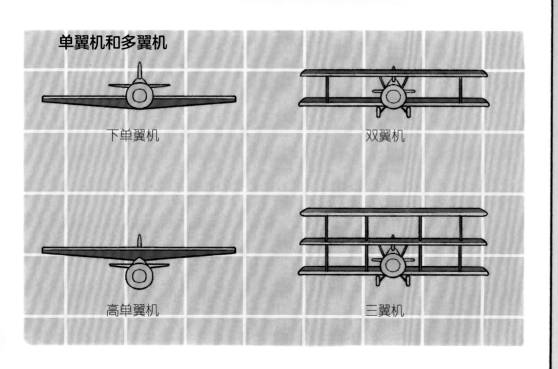

下单翼机

双翼机

高单翼机

三翼机

索普维斯"骆驼"战斗机
第一次世界大战期间，英国著名的双翼战斗机。因发动机上方的机枪的整流罩呈驼峰状而得名。

不同形状的机翼

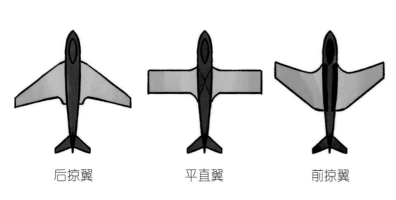

后掠翼

平直翼

前掠翼

飞机是如何升空的?
由于飞机机翼形状特殊，机翼上方空气的流通速度大于机翼下方空气的流通速度，因此机翼下表面的压强大于在机翼上表面的压强。这种压强差产生了升力，从而使飞机在天空飞行。

赤心阳兔说

单翼、多翼……多种类型的飞机

"从'多翼老爷机'到外形炫酷的新式特技机，飞机不断进化，在不同的时代挑战极限！"说起飞机，哥哥瞬间来了精神。

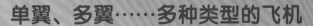

Extra 300 民用特技机

能流畅地做出滚转、翻筋斗、甩尾等特技飞行动作。俄罗斯著名女特技飞行员斯韦特兰娜·卡帕尼娜曾驾驶这一型号的飞机多次赢得世界特技飞行比赛的冠军。

福克 D-1 三翼战斗机

外形奇特，神出鬼没。第一次世界大战期间，德国王牌飞行员里希特霍芬的座机就是这一型号的。

看到历史上著名的特技机重返蓝天，仿佛穿越了时空。

那两架好几层机翼的飞机，我好像在电视上看到过。

俄罗斯 SR-10 教练机

可用于空军飞行员和民航飞行员训练，独特的前掠翼设计使其具有超凡的机动能力。

L-15 高级教练机

我国研制的新一代超声速教练机，机身设计融合了许多先进战斗机的优点。装载导弹等武器后，可立即变成性能卓越的轻型战斗机。

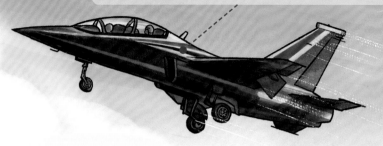

歼教-9 高级教练机

代号"山鹰"，飞行学员通过驾驶它可学会使用导弹、炸弹等武器。

根据操纵的难易程度，教练机会被分配给不同年级的飞行学员。

教-10 高级教练机

装有与第五代战斗机相同的新型操纵系统和先进座舱，能模拟歼-20、歼-16等新型战斗机的性能。

初教-5 初级教练机

新中国第一款自制飞机。中国早期的飞行学员都用其来学习飞行技术。

歼教-1 歼击教练机

新中国自行设计制造的第一款喷气式飞机，于1958年首飞成功。目前，有一架收藏于中国航空博物馆。

这两款教练机已经退役了，它们是我国的"功勋飞机"！

飞行学员的"空中老师"——教练机

驾驶特技机上下翻飞可比坐过山车刺激多了！飞行学员学习飞行离不开一类基础的特技机，它们就是——教练机。

初教-6 初级教练机

可让飞行学员了解飞机的基本操纵方法，常常作为初学者的入门机型。尽管已有近 70 年的历史，仍是中国空军教练机的主力机型。

教-8 中级教练机

可让飞行学员熟悉喷气式飞机的操纵，并进行基础的组队飞行、战术动作的训练。

原来飞机内部有这么多"金属骨骼"和设备啊。

歼教-5 歼击教练机

在歼-5 歼击机的基础上研制而成，是中国空军八一飞行表演队的早期表演用机，目前已退役。

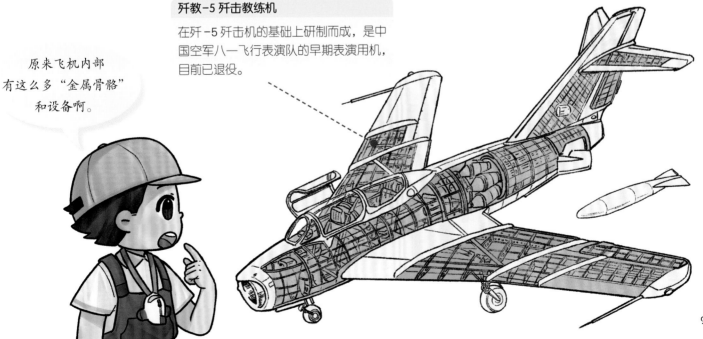

体能训练初体验

　　"我的梦想就是成为一名帅气的飞行员。"在飞行表演间歇期间，哥哥说出了他的心声。正巧，我们在现场遇到了一位飞行教官。在他的邀请下，我们与哥哥一同来到了飞行学员体能强化训练区。

模拟训练舱

模拟飞机真实操纵环境的设备，四周还有模拟舱外环境的 VR 大屏幕，让飞行学员能体验到飞行时的真实环境。

飞行学员可借助模拟训练舱提前熟悉对飞机速度、高度、方向的操控，这样驾机上天后就不会手忙脚乱了。

我原以为模拟训练舱就像游乐场中的游乐设施一样，现在看来它们完全不一样！

飞机的基本动作

俯仰

向后拉操纵杆，使飞机上仰。

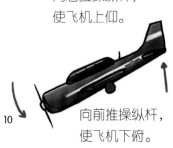

向前推操纵杆，使飞机下俯。

操纵杆

滚转

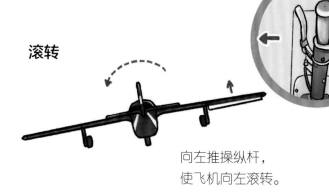

向左推操纵杆，使飞机向左滚转。

向右推操纵杆，使飞机向右滚转。

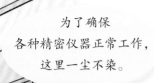

为了确保各种精密仪器正常工作，这里一尘不染。

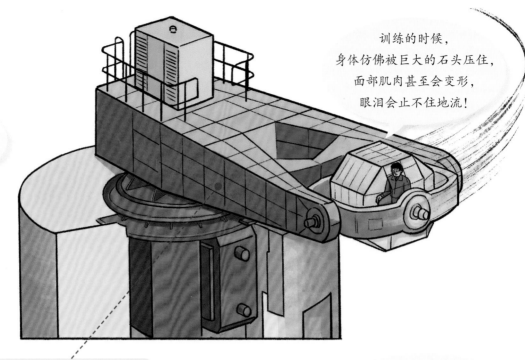

训练的时候，身体仿佛被巨大的石头压住，面部肌肉甚至会变形，眼泪会止不住地流！

荷载训练舱

飞行员的特殊"健身房"，利用高速旋转模拟出飞行员在空中所处的极端环境，需要飞行员以惊人的毅力克服重重困难。

特技飞行有时会对飞行员的身体造成很大的负担，我们要时刻关注飞行员的身体各部位，尤其是脊柱。

原来飞行员在训练中也面临着危险！

偏航

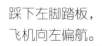

踩下左脚踏板，飞机向左偏航。

踩下右脚踏板，飞机向右偏航。

脚踏板

特技飞行动作挑战

哥哥完成了体能训练，接下来是难度更高的训练项目——特技飞行动作挑战！

横滚机动

一种基本的特技飞行动作。飞机一边做侧滚翻，一边保持直线飞行。

筋斗机动

飞机在空中做后空翻，飞行轨迹如同过山车的轨道。

懒8字机动

飞机向两侧各做一个倾斜的筋斗机动，轨迹看起来像一个"慵懒"的横卧8字。

哥哥真厉害，加油，还有最后一项了！

钟摆机动

飞机竖直向上飞至几乎坠落的失速状态，随后以尾喷口为轴，如同钟摆一样快速向下翻转，待恢复稳定的速度后再进行水平飞行。仅有很少的特技机才能完成这种惊险动作。

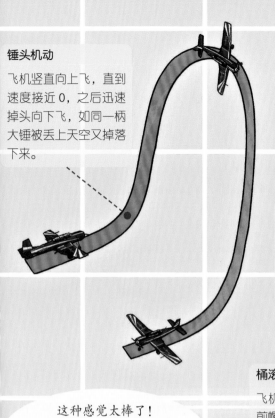

锤头机动

飞机竖直向上飞，直到速度接近 0，之后迅速掉头向下飞，如同一柄大锤被丢上天空又掉落下来。

半滚倒转机动

飞机先横滚 180° 至驾驶舱朝下后，再按 C 字形飞行，最后恢复正常的水平飞行状态。

桶滚机动

飞机如同沿着桶壁向前螺旋飞行。

> 这种感觉太棒了！
> 哪怕只是做简单的横滚机动，眼前也是蓝天与地面迅速颠倒。

> 哥哥加油！
> 一会儿我也试试！

赤心墨兔说

试一试，模拟飞行！

按照下面的图片和提示，用手或飞机模型模拟图中的飞行动作，并给自己的完成情况打分！

⭐⭐⭐

特技飞行动作

完成情况自评分数：

平视显示器
能让飞行员在目视前方时快速掌握飞机的高度、速度等信息，帮助飞行员及时做出有效判断。

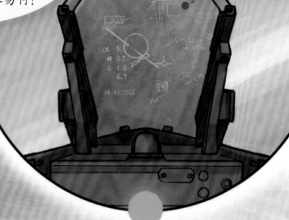

飞行员既要操控武器来锁定敌人，又要根据显示器上的数字和标志来决定飞行路线，真不容易啊！

敌机

目标

攻击者

飞行员观察方向

机炮瞄准方向

提前角

机炮讲究提前发射。飞行员要瞄准敌机的飞行方向的前方，计算后发射。

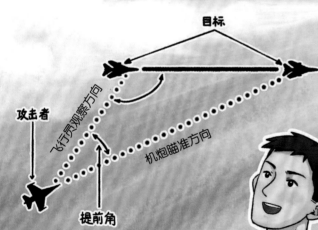

如果只瞄准敌机的当前位置开火，等炮弹打过去的时候，敌机早就飞远了。

终极目标，击落敌机！

非常好，特技飞行动作挑战成功！"模拟空战开始！"随着耳机中传来的话语声，一架敌机突然出现在屏幕中。哥哥将飞机的系统切换到武器控制模式——选择武器，锁定目标，击中敌机！

飞行特技动作不仅用于表演，而且在实战中还能成为制敌的高招。

机械雷达

航空机炮

红外制导空空导弹
用于近距离格斗的空对空导弹，它的红外导引头能让导弹紧咬敌人。

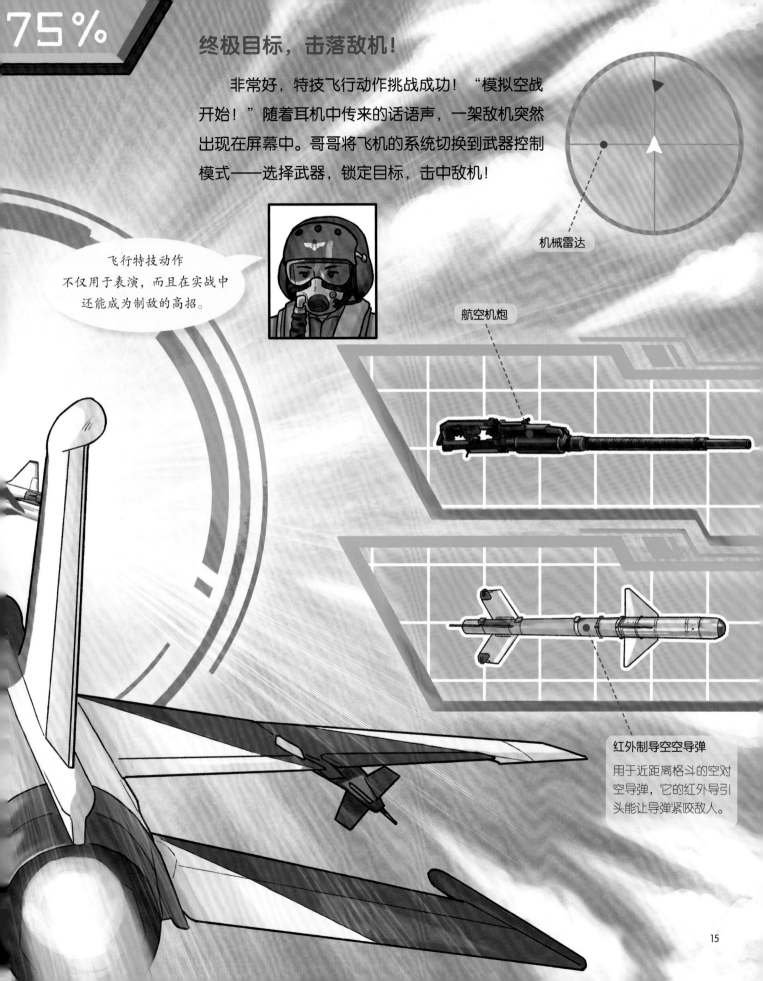

飞行员的炫酷装备

想知道真正的特技机飞行员是什么样子的吗？我们来认识一位空军八一飞行表演队的飞行员姐姐吧！下一场飞行表演即将开始。快，我们一起去停机坪找她。

受油口
飞机用于空中加油的燃油接口，位于驾驶舱的右前方。

空速管
测量飞机速度的装置。

进气道
喷气式发动机吸入空气的入口，可根据飞机的速度调整进气量，使发动机以最高的效率工作。

飞行员姐姐真帅气！我以后也想成为飞行员！

赤心阳兔说

如何成为特技机飞行员？

空军八一飞行表演队的飞行员需要经过层层选拔。他们每个人都是飞行上千小时的精英飞行员，并且驾驶歼-10战斗机的时长不低于200小时，全部飞行课目的成绩均达到优秀。这些精英只有通过体能、驾驶技术、心理素质的重重考验，才能入选。

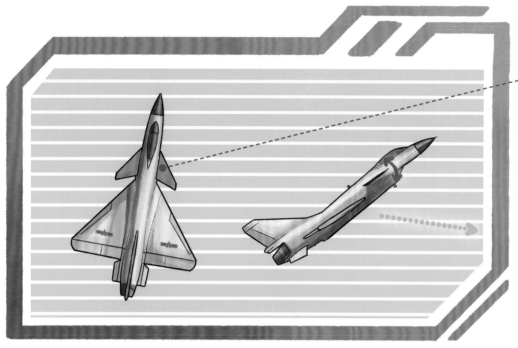

鸭式翼

位于主机翼前方的小机翼，是特技机能够灵活自如地做出各种动作的关键装置。

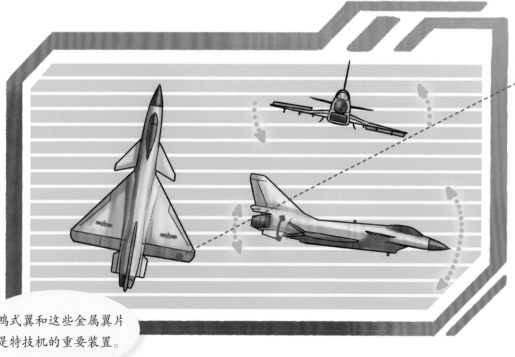

襟副翼

既能增大升力，也能控制飞机的方向。

鸭式翼和这些金属翼片是特技机的重要装置。

特技机的特殊装置

特技机飞行员陆续集合登机，我们被停机坪上那一排令人瞩目的蓝色战机吸引了目光。作为"明星装备"，这些战机上的细节值得我们仔细观察。

这些小小的金属翼片，却能让十几吨重的飞机在空中像飞舞的落叶一样灵活，真厉害！

垂直尾翼
特技机的重要装置之一，能使特技机在空中平稳地飞行和转向。

仰视图

俯视图

歼-10 特技机专用涂装
以蓝、白、红三色为主色调，融入闪电与利剑的元素，既突出了中华民族厚重的历史文化底蕴，也象征了中国空军制胜空天、捍卫国家利益的战斗精神。

准备就绪，直冲云霄！

　　"起飞前检查完毕，准备出动！"在地勤人员一阵紧张地忙碌之后，准备工作一切就绪。"蓝色战鹰"陆续驶上跑道，在发动机震耳欲聋的轰鸣声中，它们快速冲刺，瞬间跃入云霄……

检查头盔通信装置，确定通话正常，准备关闭座舱盖！

正在滑向起飞位置，做好双机起飞准备！

收起登机梯，全体地勤人员离开危险区域！

什么是双机起飞？

双机起飞是指两架飞机在跑道上以同样的速度和起飞角度一同升空。实战中，这种起飞方式能提高战机出动的速度。

赤心阳兔说

嗖——

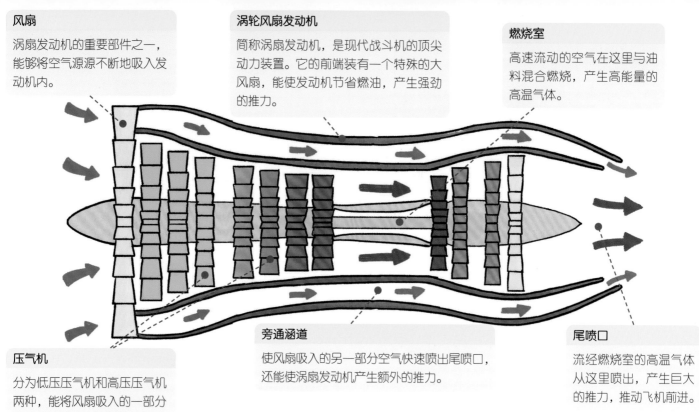

风扇

涡扇发动机的重要部件之一，能够将空气源源不断地吸入发动机内。

涡轮风扇发动机

简称涡扇发动机，是现代战斗机的顶尖动力装置。它的前端装有一个特殊的大风扇，能使发动机节省燃油，产生强劲的推力。

燃烧室

高速流动的空气在这里与油料混合燃烧，产生高能量的高温气体。

压气机

分为低压压气机和高压压气机两种，能将风扇吸入的一部分空气压缩后吹入燃烧室。

旁通涵道

使风扇吸入的另一部分空气快速喷出尾喷口，还能使涡扇发动机产生额外的推力。

尾喷口

流经燃烧室的高温气体从这里喷出，产生巨大的推力，推动飞机前进。

怒吼的"中国心"

歼-10 特技机起飞时，地动山摇的轰鸣声仿佛巨龙的怒吼，那是特技机的国产新型发动机在源源不断地提供澎湃的动力。有了它，特技机才能如游龙般在空中自由飞舞。

这可不是在玩游戏。飞行员在起飞前要与队友确认表演动作，如在表演时擅自做出其他动作，会被禁飞。

哥哥的动作真标准！

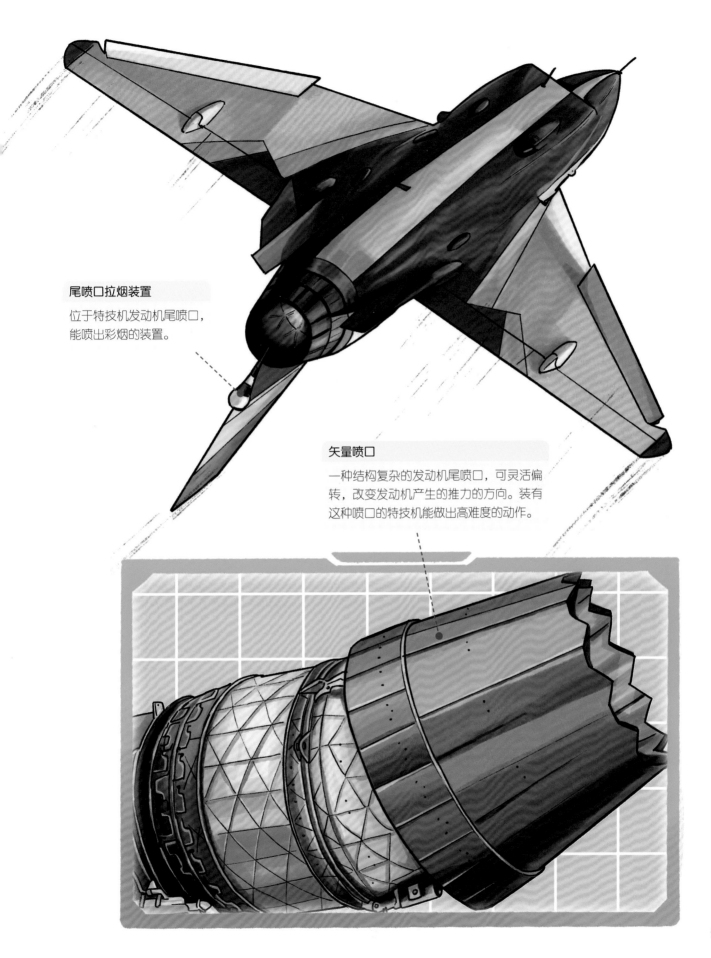

尾喷口拉烟装置

位于特技机发动机尾喷口，
能喷出彩烟的装置。

矢量喷口

一种结构复杂的发动机尾喷口，可灵活偏
转，改变发动机产生的推力的方向。装有
这种喷口的特技机能做出高难度的动作。

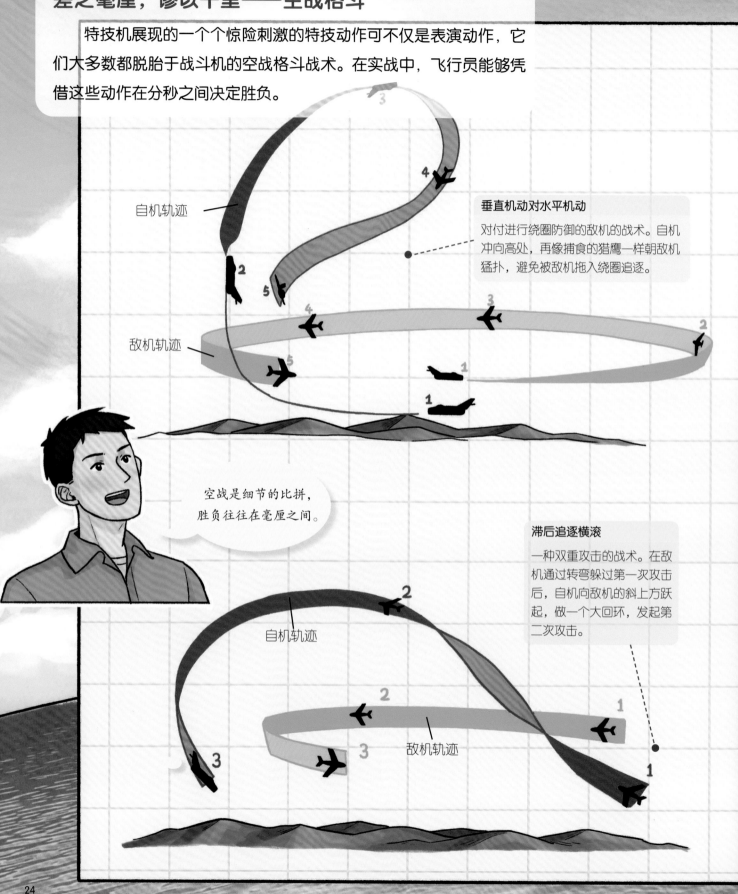

差之毫厘，谬以千里——空战格斗

特技机展现的一个个惊险刺激的特技动作可不仅是表演动作，它们大多数都脱胎于战斗机的空战格斗战术。在实战中，飞行员能够凭借这些动作在分秒之间决定胜负。

自机轨迹

敌机轨迹

垂直机动对水平机动

对付进行绕圈防御的敌机的战术。自机冲向高处，再像捕食的猎鹰一样朝敌机猛扑，避免被敌机拖入绕圈追逐。

空战是细节的比拼，胜负往往在毫厘之间。

滞后追逐横滚

一种双重攻击的战术。在敌机通过转弯躲过第一次攻击后，自机向敌机的斜上方跃起，做一个大回环，发起第二次攻击。

自机轨迹

敌机轨迹

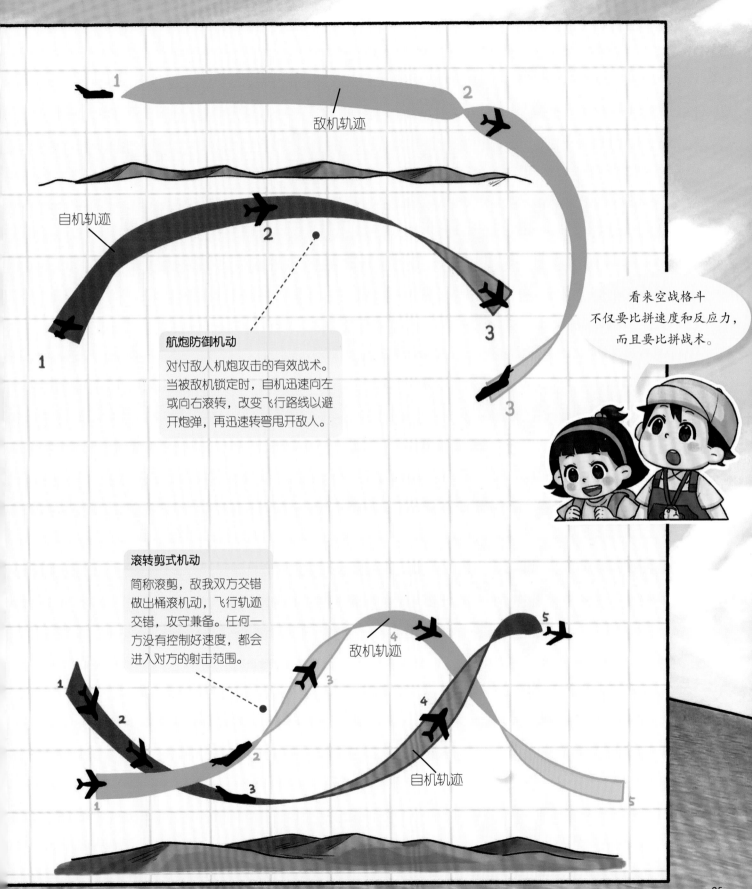

敌机轨迹

自机轨迹

航炮防御机动

对付敌人机炮攻击的有效战术。当被敌机锁定时，自机迅速向左或向右滚转，改变飞行路线以避开炮弹，再迅速转弯甩开敌人。

看来空战格斗不仅要比拼速度和反应力，而且要比拼战术。

滚转剪式机动

简称滚剪，敌我双方交错做出桶滚机动，飞行轨迹交错，攻守兼备。任何一方没有控制好速度，都会进入对方的射击范围。

敌机轨迹

自机轨迹

倒挂金钩

飞行员在驾驶舱朝下的状态下操纵飞机，沿直线高速飞行，需要飞行员一面克服身体不适，一面稳定操纵飞机，是对飞行员力与技术的双重考验。

双机对冲交叉

一种惊险又令人震撼的高难度特技动作。两架飞机以非常快的速度相向飞行，随后在相距只有几米远的地方擦肩而过。

四机开花

4架特技机组成密集的队形，腾空而起，再瞬间向不同方向散开，拉出的彩烟在空中形成美丽的四片花瓣。

蓝天炫技，挑战极限

天空中，一场精彩绝伦的"空中芭蕾"正在上演，五颜六色的彩烟画出一道道优美的轨迹线！

五机箭形编队

特技飞行表演的多机编队队形之一。编队中的5架飞机的动作要整齐划一，飞机的编差都会导致队形散乱。

每一个特技飞行动作都是对飞行员技术与胆量的极限挑战！

强国梦，腾飞！

　　特技飞行表演圆满结束，返回机场的特技机驶过观众席。蓝天骄子从云端载誉归来，山呼海啸般的掌声与欢呼声此起彼伏。有志少年将追随着他们的航迹，让闪闪发光的强国梦飞得更高、更远！

> 特技飞行表演不仅是一场蓝天上的视觉盛宴，也是人民空军形象和国家力量的展示。

> 我从小就盼望自己能考上空军航空大学。现在我考上了，我将练就过硬的飞行本领，逐梦蓝天！

> 我要把这张海报贴在床边。

> 飞行员是我的榜样，我长大之后也要成为他们中的一员。